与科学亲密接触

奇妙建筑

智慧鸟 / 著

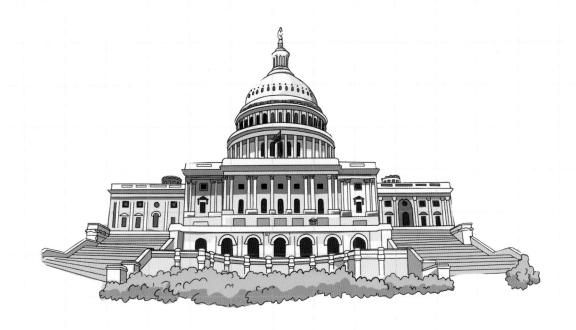

吉林科学技术出版社

图书在版编目（CIP）数据

奇妙建筑 / 智慧鸟著 . -- 长春 : 吉林科学技术出
版社 , 2022.10
（与科学亲密接触）
ISBN 978-7-5578-9988-2

Ⅰ . ①奇… Ⅱ . ①智… Ⅲ . ①建筑 – 儿童读物 Ⅳ .
① TU–49

中国版本图书馆 CIP 数据核字 (2022) 第 230138 号

与科学亲密接触　奇妙建筑

YU KEXUE QINMI JIECHU　QIMIAO JIANZHU

著　智慧鸟
出 版 人　宛　霞
策划编辑　王聪会　张　超
责任编辑　穆思蒙
内文设计　智慧鸟
成品尺寸　226 mm × 240 mm
开　　本　12 开
字　　数　50 千字
印　　张　4
印　　数　1– 6 000
版　　次　2023 年 1 月第 1 版
印　　次　2023 年 1 月第 1 次印刷
出　　版　吉林科学技术出版社
发　　行　吉林科学技术出版社
地　　址　长春市福祉大路 5788 号出版大厦 A 座
邮　　编　130118

发行部电话 / 传真　0431-81629529　81629530　81629531
　　　　　　　　　　81629532　81629533　81629534
储运部电话　0431-86059116
编辑部电话　0431-81629517
印　　刷　长春新华印刷集团有限公司
书　　号　ISBN 978-7-5578-9988-2
定　　价　49.90 元

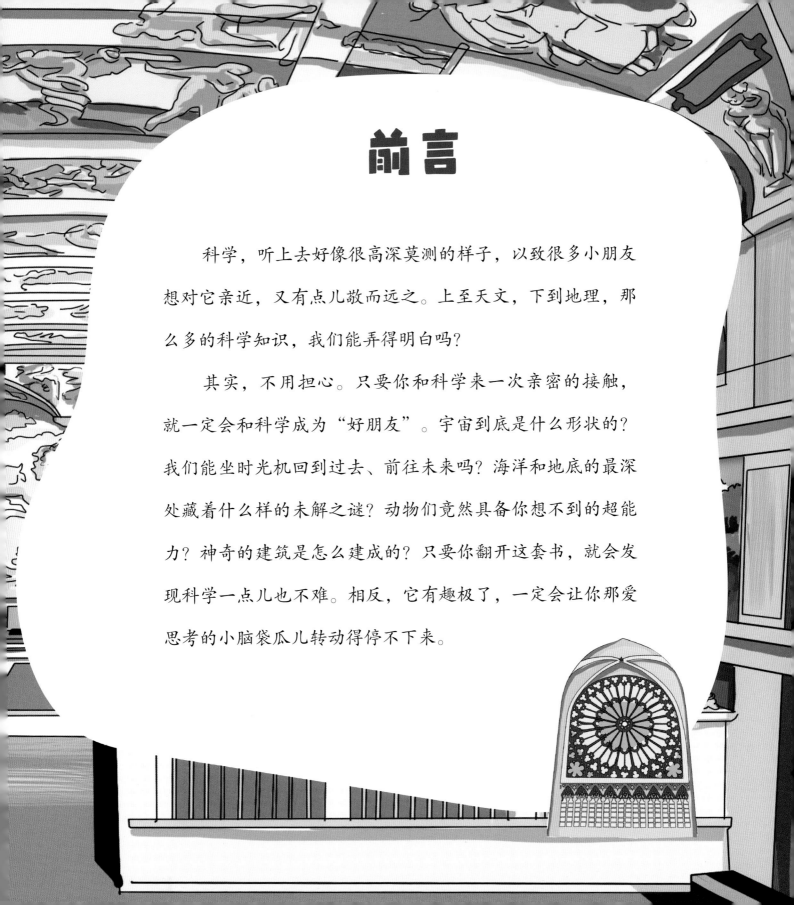

前言

　　科学，听上去好像很高深莫测的样子，以致很多小朋友想对它亲近，又有点儿敬而远之。上至天文，下到地理，那么多的科学知识，我们能弄得明白吗？

　　其实，不用担心。只要你和科学来一次亲密的接触，就一定会和科学成为"好朋友"。宇宙到底是什么形状的？我们能坐时光机回到过去、前往未来吗？海洋和地底的最深处藏着什么样的未解之谜？动物们竟然具备你想不到的超能力？神奇的建筑是怎么建成的？只要你翻开这套书，就会发现科学一点儿也不难。相反，它有趣极了，一定会让你那爱思考的小脑袋瓜儿转动得停不下来。

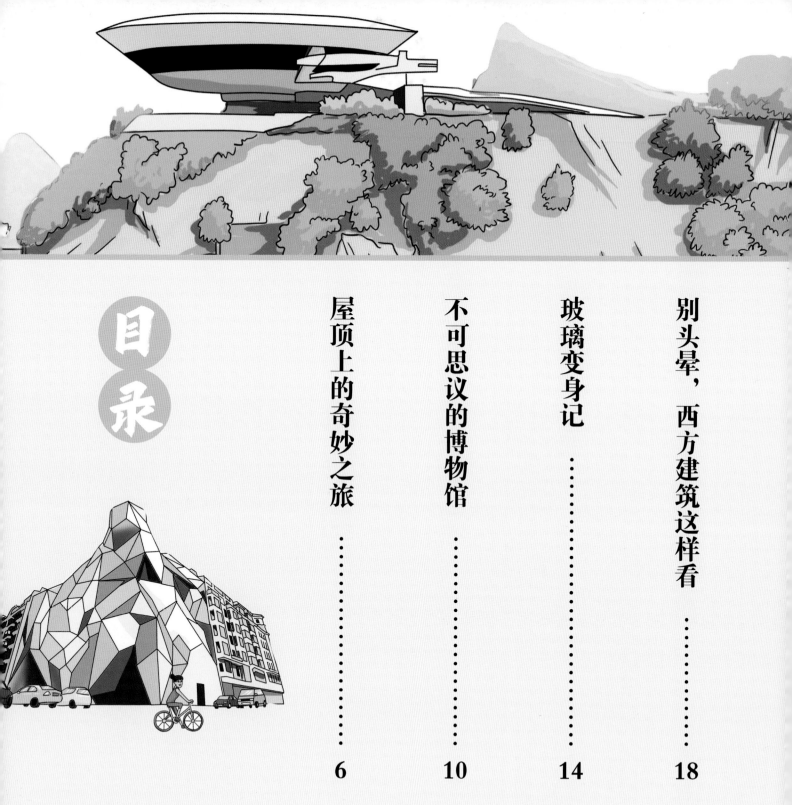

目录

我们常见的屋顶，上面大都盖着厚厚的瓦片或是被修整成平的，但有的屋顶却不一样，它们造型奇特，有趣至极。

火星屋顶

伊朗的艾哈迈德苏丹浴室修建于 500 多年前，它的屋顶上有许多大大小小、镶嵌着玻璃的半圆形球体，看起来就像外星人的宇宙飞船，因此得名"火星屋顶"。

通过这些球体上的玻璃，阳光可以进入浴室，而屋顶上的人却无法通过玻璃看到浴室内的情形，真的是很神奇。

奇怪的烟囱

在西班牙巴塞罗那的米拉公寓楼顶上，设计了许多奇怪的烟囱，它们有的像海螺，有的像蘑菇，还有的像身披铠甲的士兵，奇特的设计吸引了大量的游客。

除了烟囱，楼顶的通风口和补风井也被做成了有趣的造型。

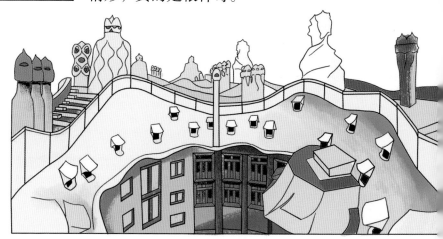

蘑菇村

意大利有一座叫作阿尔贝罗贝洛的小镇，镇上几乎所有房屋的屋顶都是尖尖的，这些房屋看起来就像是大片的蘑菇，因此得名"蘑菇村"。

这里大约有一千六百多座"蘑菇屋"，它们几乎长得是一样的。

草坪小屋

冰岛人会将一种生长繁茂的草皮种植在木屋上，这些草不仅能起到保暖作用，还能让木屋的木头结合得更加紧密，实用而又相映成趣。

很多电影中都会出现这种草坪小屋，极具童话气息。

星空跑道

上海市高登公园的屋顶上有一条梦幻的"星空跑道"，跑道上刷满了粉色的漆。公园内部还有许多亲子互动设施，非常受欢迎。

跑道四周还有许多涂鸦墙和发光的小兔灯，少女心十足，吸引了很多人前来打卡。

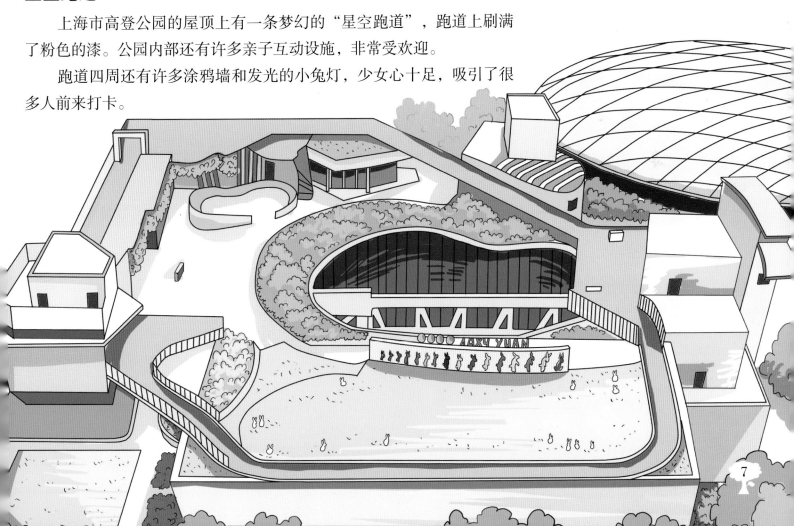

屋顶花园

日本福冈县的阿克洛斯屋顶花园呈阶梯状，生机勃勃的植被布满屋顶，层层而下，整栋建筑仿佛是一座自然形成的山丘。

小鸟们每年都会带来新的植物种子，让这里的植物更加多样。

彩虹屋顶

丹麦一座美术馆的屋顶被设计成了一条长 150 米、宽 3 米的环形长廊，长廊由五彩玻璃装饰而成，就像漂浮在半空中的五彩光环，璀璨耀眼。

这条彩虹长廊有一个非常浪漫的名字——"你的彩虹全景"。

屋顶网球场

迪拜帆船酒店的楼顶上是一个让人心惊肉跳的网球场，它距离地面 300 多米，原本是一座直升机停机坪，后来改建成网球场，目前是世界上最高的运动场。

球场边缘没有护栏，如果球员打出得分球，球便会掉进海里。

学校楼顶的菜地

大丰收啦!

如果没有屋顶农场，我恐怕一辈子都不知道怎么种菜!

嗯嗯嗯，简直太有趣了!

屋顶农场不仅能让咱们吃上新鲜的蔬菜，还能净化空气，好处多着呢!

还能引来蝴蝶和蜜蜂，改善生态环境!

城市和大自然会越来越和谐!

很多伟大的博物馆不仅有丰富的藏品，而且它本身也是一座不可思议的艺术建筑，仅看外表便令人印象深刻，惊叹不已。

阿联酋扎耶德国家博物馆

阿联酋扎耶德国家博物馆设计灵感源于阿联酋国鸟——猎鹰的羽毛。在风景优美的花园里，五个钢铁结构的建筑物拔地而起，象征着充满活力的现代阿联酋。

法国路易斯·威登博物馆

这座博物馆外部是由 12 片巨大的玻璃"帆"组成，其外表独特，形似冰山，在阳光的照射下晶莹剔透，光影效果十分惊艳。

巴勒斯坦博物馆

巴勒斯坦博物馆将本国的梯田文化与建筑相结合，在博物馆外部设计出了一层层的梯田，每一层都有不同的景观，巧妙而又饱含文化寓意。

中国苏州博物馆

　　苏州博物馆临水而建，将菱形、方形、多边形等几何图案巧妙地搭配起来，形成了错落有致、具有江南特色的建筑，简洁得体而又大气时尚，充满了现代几何美学的特点。

西班牙毕尔巴鄂古根海姆博物馆

　　这座博物馆是由数个不规则的流线型多面体组成的，上面覆盖着 3.3 万块钛金属片，在阳光下熠熠生辉，与波光粼粼的河水相映成趣，就像是一座巨大的抽象派艺术品。

巴西明日博物馆

　　这座博物馆在面向大海的一侧有一个长约 45 米的悬挑结构，既不会占用广场空间，又能让游客们登高远眺，极具特色。

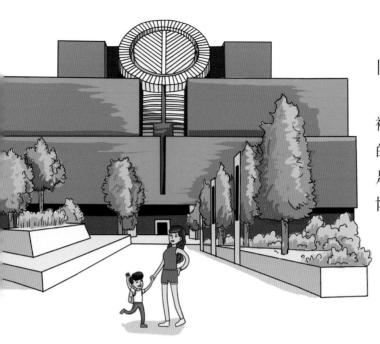

旧金山现代艺术博物馆

这座博物馆的外立面全部铺上了红褐色的面砖，没有一扇窗户，而建筑中心的圆柱形斑马纹大天窗却为馆内引入了充足的光线，兼具装饰性和实用性，让整座博物馆看起来十分宏伟。

卡塔尔国家博物馆

卡塔尔国家博物馆由法国设计师设计，由不规则的曲面墙面和环环相扣的圆盘结构组成，仿佛是破土而出的玫瑰，美丽而又震撼人心。走近这座建筑，能使人感觉置身于沙漠和大海之中，甚是惬意。

巴西尼迈耶当代艺术博物馆

这座博物馆坐落在一处悬崖之上，扁圆形的建筑主体由一根巨大的圆柱支撑，远远看去，就像一架刚刚着陆的外星飞船。

信不信由你博物馆

我所在的地方，大门口有一个大大的齿轮，信不信由你啦！

我所在的地方，墙上有颗大眼珠子和一个大齿轮，信不信由你！

这两个孩子是在和我玩躲猫猫吗？

我在信不信由你博物馆。

对，门口有颗大眼珠子，信不信由你！

信不信由你，我也在！

信，信，信！这么奇特的博物馆，肯定信呀！

我说了我在吧，信不信由你！

快走吧，馆内还有很多稀奇古怪的收藏品等着我们去参观呢。

玻璃变身记

大多数建筑都是用钢筋水泥或者木材建造而成，但当玻璃成为建筑主体时，整座建筑便会彻底大变身，焕发出璀璨的光彩。

洛桑的奥林匹克之家

位于瑞士洛桑的奥林匹克之家，外立面采用的是透明双层玻璃，并在内层玻璃上附着防晒涂层，使得整栋建筑的透明度和透光度达到最佳效果，让人们可以自由地享受璀璨而又温暖的阳光。

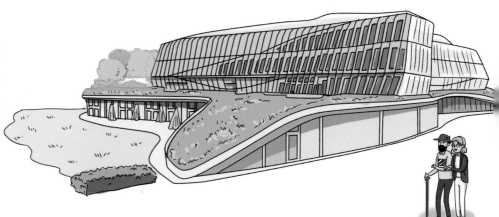

西班牙的巴斯克卫生署总部大楼

这栋独一无二的建筑物看起来扭曲而又怪诞，其外立面采用的是棱角分明的玻璃面板，让许多人看它特别"不顺眼"，但却又印象深刻。

巴塞罗那的阿格巴大厦

这座大厦的外墙由两层结构构成，一层是土、蓝、绿、灰色调的铝片，另一层则是近 60 000 个透明和半透明玻璃百叶窗，白天熠熠发光，入夜时五彩斑斓，极其美丽。

巴西的库里蒂巴植物园

这是一座像水晶宫一样的法式花园，花园由金属框架和剔透的玻璃构成，园内鲜花四季常开，被称为"世界上最令人惊艳的花园"之一。

中国的国家大剧院

中国的国家大剧院呈半椭球形，修建在一座人工湖上。大剧院中部为渐开式玻璃幕墙，由1200多块超白玻璃组成。夜幕降临后，万盏灯光反射在玻璃和湖面上，十分灿烂夺目。

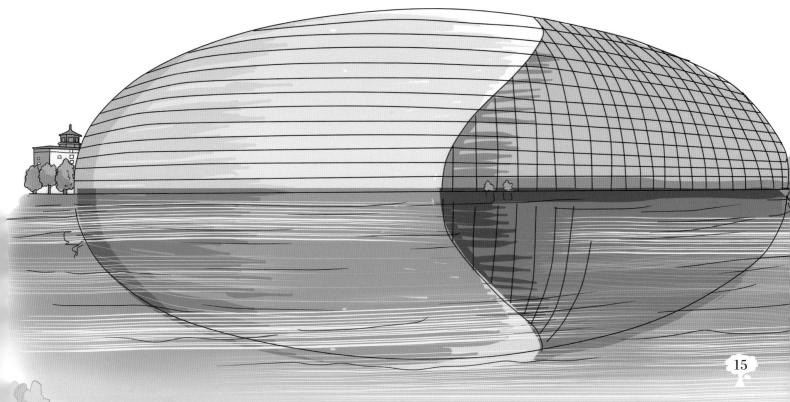

法国的波尔多彩虹建筑

这座建筑物的外墙装饰着弧形的彩色玻璃，它们颜色各异，就像一道铺在建筑物上的彩虹，因此，获得"彩虹建筑"的别称。

莫斯科的斯巴达竞技场

这座竞技场的外表是由数百块白色和红色的菱形彩釉玻璃拼接而成，它们层层叠加成玻璃墙幕，在阳光的照射下，反射出漂亮的红光，可以振奋人心。

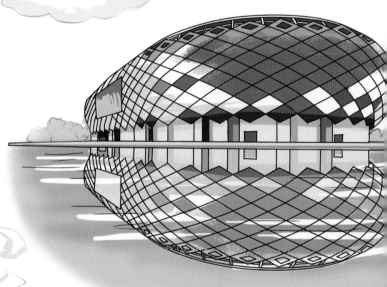

德国的汉堡易北爱乐音乐厅

这座独特的音乐厅修建在一座历史悠久的码头仓库上，波浪形的外墙由 1100 多块蓝色玻璃组成，就像是戴着一个闪闪发光的玻璃皇冠，令人赞叹不已。

西方建筑风格不仅特色鲜明，还种类繁多，希腊式、罗马式、拜占庭式、哥特式……，如果不抓住它们的"精髓"，你绝对会被这些各具特色的建筑迷得头晕眼花。

希腊式建筑

希腊式建筑是欧洲建筑的先河，整体风格和谐完美、典雅崇高，建筑中最经典的元素便是高大的立柱和雕刻精细的三角门楣，辨识度极高。

代表建筑：希腊的帕特农神庙。

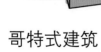

罗马式建筑

罗马式建筑继承了古希腊的建筑风格，在此基础上，又增加了各式半圆形拱券（拱门和圆顶），整体风格气势恢宏，造型厚重。

代表建筑：罗马的万神庙。

哥特式建筑

哥特式建筑将圆筒拱顶改进为高高的尖肋拱顶，使得整座建筑看起来又高又细，像是直冲云霄的宝剑一般，再以彩绘的玻璃花窗装饰，璀璨又精巧。

代表建筑：意大利的米兰大教堂。

拜占庭式建筑

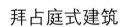

拜占庭式建筑融合了东、西方建筑特色，强化了穹顶结构，并大量使用了马赛克做装饰，看起来就像是一个个鲜艳、可爱的洋葱头，远远望去，仿佛进入了童话故事一般。

代表建筑：俄罗斯的瓦里西升天教堂。

罗曼建筑

罗曼建筑墙体巨大浑厚，墙面设有由连续性的小拱门组成的圆拱廊，并有许多圆拱形的小窗，既庄重又具有平衡感。

代表建筑：比萨斜塔。

文艺复兴建筑

　　文艺复兴时期的建筑师提倡复兴古希腊、古罗马的建筑风格，并讲究绝对对称，他们擅长以几何关系，如黄金分割等确定建筑的各部分比例，此时的建筑均衡而又对称，十分端庄典雅。

　　代表建筑：意大利的圆顶别墅。

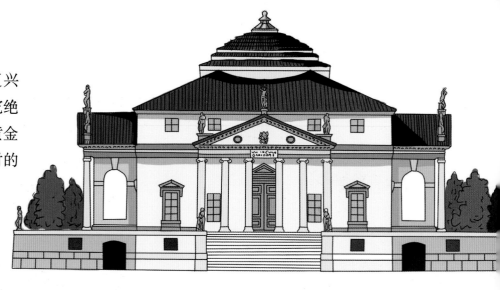

巴洛克式建筑

　　巴洛克式建筑外形新奇多变，结构标新立异，建筑里装饰了由立体雕塑组成的壁画，整体有自由奔放之感。装饰风格灿烂夺目、极尽奢华，体现出了当政者的雄厚财力。

　　代表建筑：意大利的四喷泉圣卡罗教堂。

新古典主义建筑

　　新古典主义建筑反对巴洛克式建筑过度装饰的建筑风格，它提倡回归古典形式，建造时多以穹顶来突出中心和轴线，左右对称，主次分明，具有极强的稳定性和庄严感。

　　代表建筑：法国的沃乐维康宫。

建筑也会"轻功"

有的建筑修建在平地上，有的建筑修建在地下，还有一些建筑像是会"轻功"一样，它们矗立在悬崖峭壁或高山上，让人望而生畏。

中国山西的悬空寺

位于山西省的悬空寺是一座"悬挂"在悬崖峭壁间的建筑，全寺看上去只由十几根大约碗口粗的木柱支撑，最高处距离地面50多米。在它险峻的回廊上行走时，总会让人战战兢兢，如临深渊。

克里米亚半岛的燕子堡

燕子堡建在近40米高的海边悬崖之上，没有人知道是谁修建了这座悬崖上的堡垒。虽然经历了许多次地震，可它依旧坚挺地矗立在海岸边。

希腊的迈泰奥拉修道院

这座悬崖上的修道院，最早只能靠攀爬钉在峭壁上的梯子，或者用绳子拉的吊篮出入，非常考验人的胆量，不过现在已经有开凿好的人行道供人们通行。

西班牙的隆达小城

隆达小城诞生于罗马帝国时代，它伫立在约750米高的悬崖边上，这里虽地势险要，但资源却十分丰富。其建筑物都是典型的西班牙式建筑，房屋外墙粉刷成白色和黄色，使整个小城显得十分干净整洁。

德国的利希滕斯坦城堡

这座城堡位于海拔约817米高的石崖上，四周皆是悬崖，仅有一条通道通往城堡，被誉为"世界上最危险的建筑"之一。

23

阿尔及利亚的康斯坦丁古城

古城建造于高耸的峡谷之上，两侧都是近乎 90°的绝壁，惊险万分。古时候，只有一座桥梁通向外界，易守难攻，是重要的军事基地。

法国的艾古力圣弥额尔礼拜堂

这座教堂坐落在高约 85 米的火山岩顶上，想要和它近距离接触，必须得攀登 268 级台阶（相当于 24 层楼），体力不好的人就只能打道回府了。

冰岛的海上灯塔

20 世纪 30 年代，工人们靠着徒手攀爬运送材料，修建了这座灯塔。现在，这座灯塔只能通过直升机出入，被誉为"世界上最孤独的灯塔"。

自然界总是会带给设计师们一些灵感，尤其是动物们。有很多建筑是模仿动物的外形建造的，十分可爱。

卡卡杜鳄鱼美居酒店

这座酒店位于澳大利亚卡卡杜国家公园内。由于鳄鱼是澳大利亚的特色动物之一，因此，建筑师设计出了这座别出心裁的酒店，酒店建成后倍受人们欢迎。

绵羊商场和小狗游客中心

这几栋可爱的建筑位于新西兰的蒂劳农场，大绵羊商场主营羊毛制品；小狗外形的建筑则是游客中心。"大绵羊"和"小狗"建筑是镇上唯一的、陨铁材质的动物造型建筑。

鱼形大楼

这座鱼形大楼位于印度，是印度国家渔业发展委员会的办公大楼。大楼的窗户像鱼鳞一样，头部专门用了圆形的深色玻璃作为鱼眼，形象又生动。

猫咪幼儿园

这座猫咪外形的幼儿园位于德国，猫咪的嘴是大门，眼睛是窗户，肚子包含教室、更衣室和餐厅等场所，尾巴是紧急逃生通道。真是太羡慕能在这里上学的小朋友啦！

长岛鸭仔

长岛鸭仔始建于1931年，它是美国一位养鸭场农民用混凝土建造的小屋，最初是用来售卖鸭子和鸭蛋的。这座特殊的建筑深受当地民众的喜爱，现在是长岛的地标性建筑。

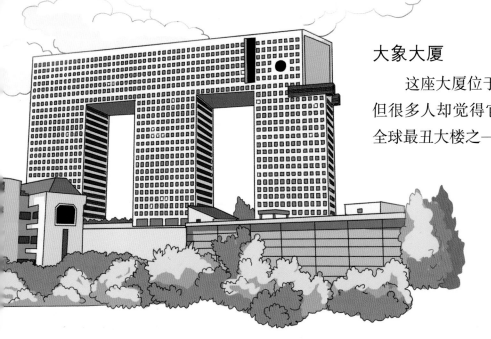

大象大厦

　　这座大厦位于泰国曼谷,据说是以大象为灵感设计的,但很多人却觉得它更像是个大写的字母"M",曾被评为全球最丑大楼之一。

没有丑大象,只有丑大楼!

阳澄湖大闸蟹生态馆

　　这座位于中国苏州的生态馆完全是根据实体大闸蟹仿造而成的,通体由不锈钢制成,脚上的绒毛也是将不锈钢材料裁剪后一根一根粘上去的,活灵活现,非常考究。

不来梅宇宙科学中心

　　这是德国一座非常具有特色的现代博物馆,外形就像一只微微张开嘴的蚌。博物馆外立面是由 40000 多块不锈钢组成的,在阳光下闪闪发光,耀眼至极。

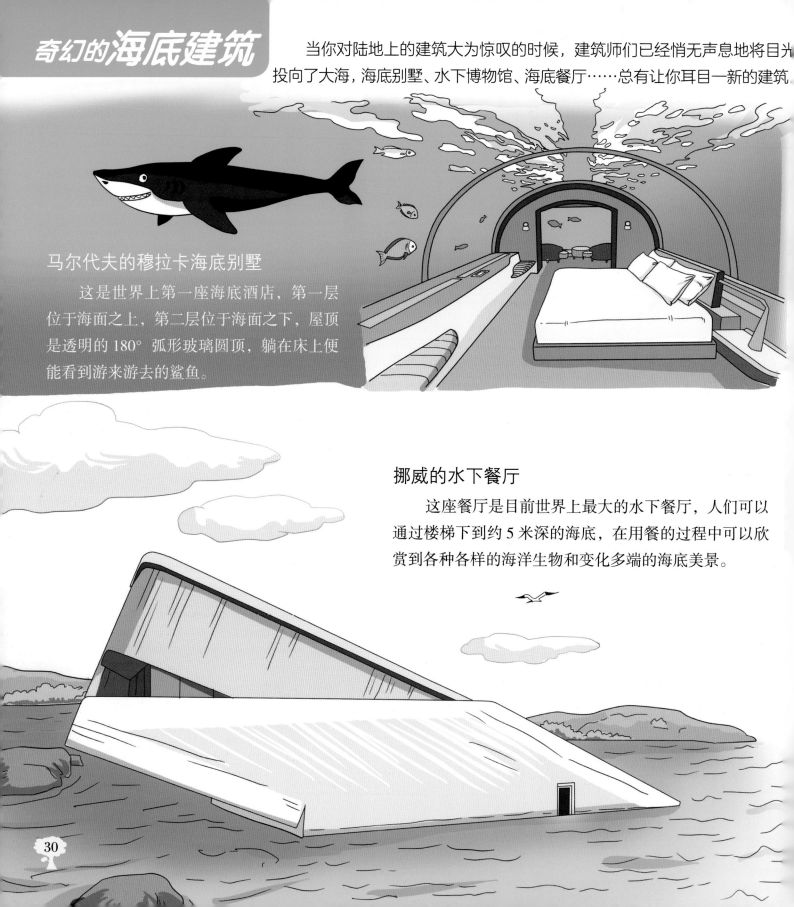

当你对陆地上的建筑大为惊叹的时候，建筑师们已经悄无声息地将目光投向了大海，海底别墅、水下博物馆、海底餐厅……总有让你耳目一新的建筑

马尔代夫的穆拉卡海底别墅

这是世界上第一座海底酒店，第一层位于海面之上，第二层位于海面之下，屋顶是透明的 180° 弧形玻璃圆顶，躺在床上便能看到游来游去的鲨鱼。

挪威的水下餐厅

这座餐厅是目前世界上最大的水下餐厅，人们可以通过楼梯下到约 5 米深的海底，在用餐的过程中可以欣赏到各种各样的海洋生物和变化多端的海底美景。

瑞典的阿特水下旅馆

放眼一看，这座水下旅馆仿佛是一座漂浮在海面上的小红屋，其实在水下3米处才是旅馆的主体。主体四面都有窗户，让人仿佛置身在一个水族馆里。

重庆白鹤梁水下博物馆

白鹤梁水下博物馆是世界首座水下博物馆。馆内有一条由耐压金属和23个玻璃观察窗构成的参观廊道，能够近距离观看白鹤梁上的古代题刻。

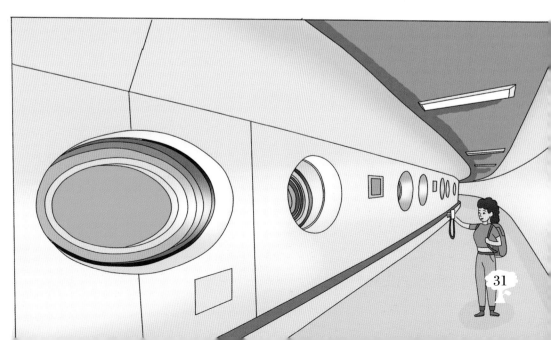

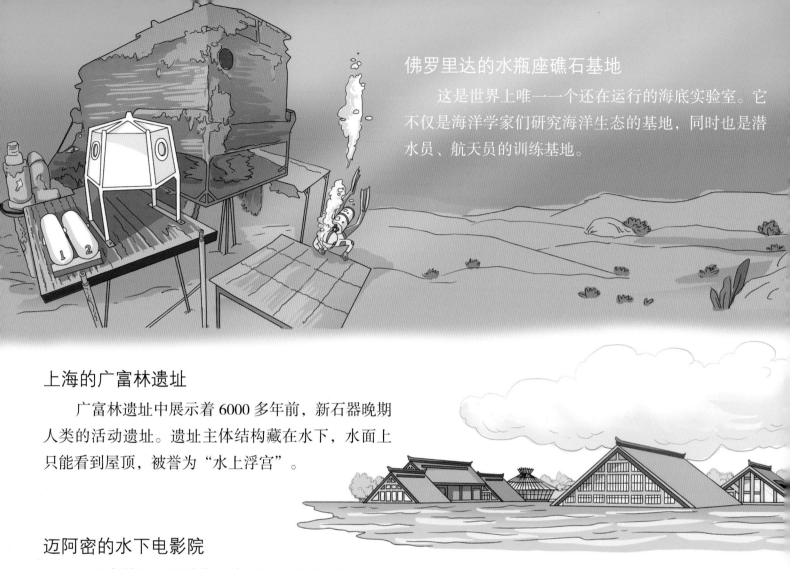

佛罗里达的水瓶座礁石基地

这是世界上唯一一个还在运行的海底实验室。它不仅是海洋学家们研究海洋生态的基地，同时也是潜水员、航天员的训练基地。

上海的广富林遗址

广富林遗址中展示着 6000 多年前，新石器晚期人类的活动遗址。遗址主体结构藏在水下，水面上只能看到屋顶，被誉为"水上浮宫"。

迈阿密的水下电影院

这座奇特的电影院位于水平面下大约 5 米的地方，十几层厚厚的玻璃将电影院与海水隔开。很多人说，进入这个电影院，不知道是看电影好，还是看海洋生物好。可见这座电影院真的很有趣。

在神话故事中，迷宫最早是人们关押牛头怪的地方，后来逐渐演变成一种充满智慧和趣味的建筑。至今，仍有不少建筑设计中蕴含着满满的迷宫元素。

西班牙的红墙公寓

这座色彩亮丽的公寓建有一系列独具特色的互锁式楼梯、平台和连桥，它们为每户居民都提供了特别通道，真是漂亮又有趣。

泰国的大象博物馆

这座博物馆外部是高高低低的弧形砖墙，看起来就像一座大迷宫。倾斜的墙面逐步将游客引入博物馆内部参观。这种设计也象征着这座博物馆是连接人与大象的纽带。

比利时根克的艺术中心——雕塑迷宫

这是一座由矿区工厂改建而成的艺术中心，设计师们用厚钢板建造出一千米长的钢铁迷宫，又将钢铁墙壁挖空，形成各种几何图形，整个框架极具艺术感。

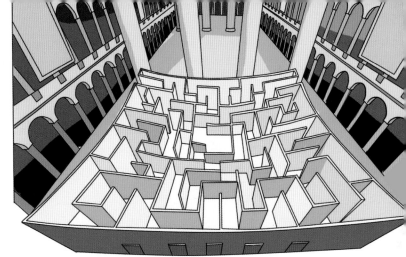

美国的国家建筑博物馆"迷宫展厅"

这座博物馆的礼堂中心设有一个大型木质迷宫，供游客穿行和探索。迷宫四面墙的墙面高度不断下降，人们走到中心点便能看到整个迷宫的路径。

上海 1933 老场坊

这座老场坊内部由一条条交错的廊桥和螺旋式楼梯连接，四通八达，整座建筑本身就像是一座大迷宫。

迪拜的迷宫塔

迷宫塔最大的亮点就是其利用前后外立面上阳台的不对称立体线条，交织出一个错综复杂的巨型图案，一眼望去，与电子游戏"吃豆人"中的迷宫十分相似。事实上，这个外立面就是一个真实的立体迷宫。

中国重庆的迷宫大楼

这栋大楼排列整齐，外部刷有色彩分明的红、黄、蓝三种颜色，远看就像一座巨大的彩虹色迷宫，也像一个巨大的二维码。

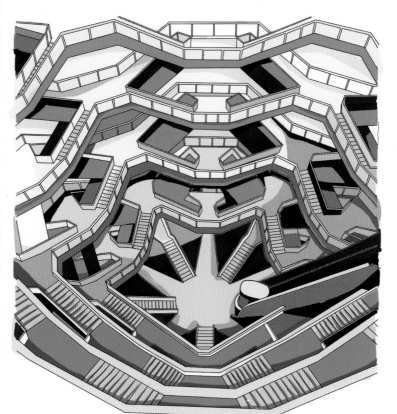

美国纽约哈德逊广场的地标

这座建筑的主体全部由按几何点阵排列的楼梯组成，看上去就像永远没有尽头的楼梯，人们可以爬上楼梯观赏纽约全景，是纽约的新地标之一。

建筑物同人一样，当设计师为它装点上特殊的花纹、雕刻或者彩绘后，便会焕发出别样的光彩。你知道建筑物们最喜欢和哪些元素搭档吗？

女像柱

女像柱是古希腊建筑中最引人注目的存在，人们将石柱雕刻成身着长袍的女性，它们既是支撑上横梁的柱子，又是增加建筑特点的装饰。

厄勒克西奥神庙女像柱就是最有名的女像柱之一。

拱券

拱券最早是由古罗马人发明的，后来，罗马人把拱券和柱式结合起来，又发明了十字拱、帆拱和券柱式、叠柱式等，这些发明运用在了许多伟大的建筑中。

意大利罗马的角斗场就是最著名的叠柱式建筑之一。

穹顶

穹顶始建于古罗马，圆形的轮廓没有中断，没有棱角，是天空的象征。因此，不管是教堂、寺庙，还是政府大楼，经常可以看到雄伟壮观的穹顶。

美国国会大厦是世界著名的穹顶建筑之一。

浮雕

吴哥窟是世界上最大的庙宇类建筑。在这座高棉式建筑里，内壁、廊柱、石墙、栏杆……，处处布满了极其精致的浮雕，具有极高的艺术价值。

左图就是吴哥窟最著名的浮雕——高棉的微笑。

花窗玻璃

花窗玻璃是西方建筑中最常见的装饰，它们被安置在外墙上。白天，当阳光照射玻璃时，灿烂夺目；夜里，当屋内点灯时，光影万千。

巴黎圣母院的玫瑰花窗是世界上著名的花窗玻璃之一。

镶嵌画

镶嵌画是用各种材料，如天然彩石、宝石、玻璃、陶瓷片、金属片等材料拼贴、镶嵌而成的绘画，很多建筑在墙面、地面均会用到这种装饰手法。

巴勒莫大教堂的"修女玛丽"就是一幅镶嵌画。

彩绘

彩绘是中国古代建筑中非常出彩的装饰之一。无论是梁枋、柱头，还是窗棂、门扇等木结构上，你都可以找到彩绘的身影，成语"雕梁画栋"便是由此而来的。

故宫中的"和玺彩画"是极高级的古建彩绘。

壁画

壁画就是人们直接画在墙面上的画，它具有强大的装饰和美化功能。世界上许多著名的建筑至今都还保留着一些精美的壁画。

米开朗琪罗的《创世纪》是世界上最著名的巨幅天顶画。

北京胡同

我来考考你俩，知道"门当户对"是什么意思吗？

这有什么难的？就是说男女双方条件相当，非常般配的意思呗！

古代主要是指经济状况和社会地位的匹配，从门当和户对就可以看出来。

户对就是门楣上的砖雕或者木雕。在古代，"户对"越多，官职越高。

这是一家读书人！

这家以前肯定出过大将军！

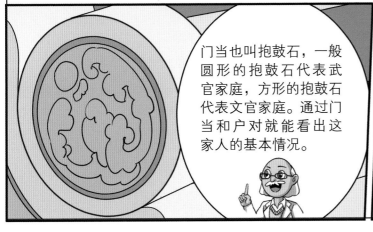

门当也叫抱鼓石，一般圆形的抱鼓石代表武官家庭，方形的抱鼓石代表文官家庭。通过门当和户对就能看出这家人的基本情况。

东倒西歪的大楼

当你以为大楼都应该是方方正正，傲立于天地之间时，总有一些东倒西歪的大楼刷新你的认知，让你不得不佩服建筑师们的智慧。

丹麦的哥本哈根贝拉天空克伦威尔酒店

这座酒店是由两栋塔楼构成的，每栋塔楼以15°的角度倾斜，仿佛彼此嫌弃一样，人们通过顶层的连接可以自由地在双塔楼之间穿梭。

波兰的扭曲的房子

这栋楼房外观扭曲奇特，弯弯曲曲的楼面就像是大楼长了褶皱一般，配上蔚蓝色的大门、鲜绿的玻璃和黄色的墙面，夸张而又鲜明，让人难以忘却。

马德里的欧洲之门

欧洲之门由两座一模一样的大厦构成，高达115米的大厦相对而立，各向对方倾斜15°，仿佛是一座没有封顶的大拱门，非常壮观。

捷克布拉格的跳舞的房子

这栋大楼蜿蜒扭转，看起来就像是两个正在相拥起舞的舞者，这也是它们得名的原因。玻璃外观的大楼象征着女舞者，圆柱形的大楼则象征着男舞者。

美国的奇境颠倒屋

这是一座照着美国白宫的外形而建的倒立式建筑物，它内部的展品都是倒立的，在奇境颠倒屋，你可以感受到强大的飓风、6级模拟地震等，非常受欢迎。

43

美国的克利夫兰卢·鲁沃脑健康中心

这栋建筑外立面是由扭曲的、呈几何图形的钢结构弧面构成的，每根钢架搭建时都需要动用全球定位系统（GPS）定位，不能有一丝的偏差。

阿联酋的阿布扎比首都门

阿布扎比首都门是一栋高约 160 米，倾斜角度达到 18° 的高楼，是现今世界上最倾斜的人造塔楼。它看起来就像是一面飞扬的鲤鱼旗，独特又壮观。

德国的森林螺旋百货大楼

这栋大楼共有 12 层，每层的高度逐渐增加。建筑内部包含 105 种户型。它拥有 1000 多扇窗户，从每一扇窗户看出去，都是不一样的风景。庭院内流动的小溪和郁郁葱葱的绿植给这个壮观的建筑增添了优雅的气质和艺术感。